Bibliographic information published by the German National Library:

The German National Library lists this publication in the National Bibliography; detailed bibliographic data are available on the Internet at http://dnb.dnb.de .

Imprint:

Copyright © 2017 GRIN Verlag
Print and binding: Books on Demand GmbH, Norderstedt Germany
ISBN: 9783668601697

This book at GRIN:

https://www.grin.com/document/385728

Adriana Acosta Martínez

Sensores para la Reducción de Accidents de Motocicletas

GRIN Verlag

APLICACIÓN DE SENSORES PARA LA REDUCCIÓN DE ACCIDENTES DE MOTOCICLETAS

RESUMEN

Hablar acerca de uno de los transportes más usados y requeridos del mundo como lo es la motocicleta, es involucrar también un poco acerca de su origen y este comienza con la relación de similitud con la bicicleta ya que fue a partir de esta máquina sencilla de donde se partió para construir lo que hoy conocemos como motocicleta.

Se comenzara con una breve definición de la motocicleta, pues esta es un vehículo de dos ruedas, quien es impulsado por un motor que acciona a la rueda trasera mediante un mecanismo de cadena para darle movimiento al resto de ella.

En el transcurso de la historia, las motocicletas han estado sufriendo cambios, ya sea en el diseño, en la potencia que es capaz de alcanzar, en su manejabilidad, entre otras.

En la actualidad las motocicletas han causado un gran impacto en la sociedad, sus ventas andan por los cielos pero la mayoría de los conductores no la saben utilizar bien, por esta razón se han visto muchos accidentes en nuestra ciudad, estado, país, mundo.

Al ser las motocicletas uno de los medios de transporte más cotizados hay necesidad de que evolucionen para tener mayor seguridad, el sistema de frenado es una parte muy esencial para esta evolución, la utilización de sensores para mejorar el sistema de frenado puede ayudar a evitar muchos accidentes fatales y no fatales.

Nuestro objetivo es que el sensor detecte un objeto a una distancia y si tiene probabilidad de impacto provoque que el freno se active y la motocicleta vaya reduciendo la velocidad poco a poco hasta llegar al alto total.

Palabras claves: motocicleta, frenos, sensores y reducción.

ABSTRACT

Talking about one of the most used and required transport in the world, such as the motorcycle, is also involving a little about its origin and this begins with the relationship of similarity with the bicycle since it was from this simple machine where He left to build what we know today as a motorcycle.

It will begin with a brief definition of the motorcycle, because this is a two-wheeled vehicle, which is driven by an engine that drives the rear wheel through a chain mechanism to give movement to the rest of it.

In the course of history, motorcycles have been undergoing changes, be it in design, in the power they are capable of achieving, in their manageability, among others.

At present motorcycles have caused a great impact on society, their sales go through the skies but most drivers do not know how to use them well, for this reason many accidents have been seen in our city, state, country, world.

Since motorcycles are one of the most sought-after means of transport, there is a need for them to evolve in order to have greater safety, the braking system is a very essential part for this evolution, and the use of sensors to improve the braking system can help to avoid many fatal and nonfatal accidents.

Our goal is for the sensor to detect an object at a distance and if it has a chance of impact, cause the brake to activate and the motorcycle to slow down little by little until it reaches the total height.

Keywords: motorcycle, brakes, sensors and reduction.

MOTOCICLETAS

La historia de las motocicletas está muy relacionada con la bicicleta ya que esta impulso su creación, en 1868 Sylevester Howard Roper revoluciono al mundo y también puso la primera piedra para la construcción de la motocicleta, como lo menciona el siguiente autor.

"La historia de la motocicleta está estrechamente relacionada con la bicicleta, ya que fue a partir de esta máquina más sencilla de donde se partió para construir lo que hoy conocemos como moto. Al igual que la con la historia y los orígenes de la bicicleta, los orígenes y la historia de la motocicleta ha levantado muchas controversias en cuanto a quien fue el padre de la motocicleta, y es que muchos historiadores no tienen muy claro quién fue el primero en poner las bases de la historia de la bicicleta."

"En el año 1868, el americanoSylevester Howard Roperse hizo una pregunta que cambiaría el mundo del transporte en dos ruedas, y es que se planteó que pasaría si le adaptara un motor de vapor a una bicicleta. Al parecer, este visionario americano pondría la primera piedra de la historia de la motocicleta con esta innovación. Este estadounidense, se puso manos a la obra y fabricó un motor de dos cilindros para el que utilizó el carbón como combustible, lo incrustó en el cuadro de una bicicleta y creó lo que hoy se conoce como la primera motocicletade la historia." (Gómez, 2015, p. 3-4).

Las motocicletas durante el paso del tiempo han estado sufriendo cambios en su diseño, desde la primera guerra mundial se han producido empresas que observaron que las motos eran más cómodas y se sentía más emoción al andar en ellas, por lo cual le fueron implementando más cilindros para aumentar la velocidad, en eso también influyo la popularidad que estas estaban causando; como menciona el siguiente autor.

"Poco tardaron los diseñadores de motocicletas en introducir innovaciones en las sencillas máquinas monocilíndricas del siglo XIX. Numerosas firmas empezaron a construir motos de dos y hasta cuatro cilindros antes de la Primera Guerra Mundial a medida que un número cada vez mayor de gente descubría la emoción y la comodidad de las motos. Durante las décadas de 1920 y 1930, las monocilíndricas, cada vez más sofisticadas y veloces, consiguieron conservar su popularidad al tiempo que hacían su aparición monturas de doble cilindro como la Speed Twin de Triumph y la Brough Superior, que daban una nueva dimensión de motociclismo de grandes cilindradas.(Almela, 2011/2012, p. 5).

Como ya se mencionaba, las motos cambiaron especialmente lo que son los cilindros, entre más cilindros más rápido corría la motocicleta y las sensaciones que causaba aumentaban emoción dentro de las personas; como menciona el siguiente autor.

"Durante el paso de los tiempos, las motos han pasado de ser máquinas simples conun solo cilindro a convertirse en ultra sofisticados ingenios capaces de superar los 300Km/h. La emoción simple y visceral que despierta una motocicleta veloz nace de la combinación de varias sensaciones: la satisfacción de tener el control, la libertad, la proximidad a los elementos, un punto de peligro y, cómo olvidarlo, la capacidad de aceleración de una máquina, cuya proporción peso/potencia es la envidia de todos los usuarios de la vía."(Lautaro, 2012 p. 1-2).

Si bien, estos grandes cambios que le han otorgado a las motocicletas no han favorecido del todo, ya que con esto se han incrementado las muertes a causa de la imprudencia de los conductores al momento de conducir.

Las motocicletas en su inicio comenzaron usando motores de 2 tiempos a gasolina, en los motores que no son de 2 tiempos su lubricación es común y los motores van la mayoría de veces de forma transversal, salvo en algunas excepciones, como lo menciona el siguiente autor.

"La mayoría de las motocicletas comenzaron su historia portando motores dos tiempos propulsados a gasolina. Con el pasar de los años, muchas ONG presionaron a los gobiernos con la finalidad de reducir los índices de contaminación ambiental y por ello, poco a poco el famoso motor dos tiempos ha ido desapareciendo. En la actualidad, todas las motocicletas, indiferentemente de la marca o cilindrada cuentan con motores cuatro tiempos, cero contaminantes y totalmente verificados en fábrica antes de salir a las grandes urbes mundiales. Salvo algunas excepciones, los motores de las motocicletas generalmente van posicionados en modo transversal, con el cigüeñal perpendicular a la marcha. La cilindrada varía según el modelo, comenzando con motores de un cilindro hasta llegar al de 6 cilindros, siendo los más frecuentes los cuatro en línea y dos en V con diferentes ángulos. Para los años 70 se utilizó con mucha frecuencia aquellos motores que contaban con el sistema de cilindros transversal, luego de ello gano popularidad en de cuatro cilindros y se mantiene hasta la actualidad. Salvo en los motores de dos tiempos, la lubricación se hace de modo común para el motor y el cambio. Los primeros motores utilizaron carburador, sin

embargo, en la actualidad y con las regulaciones sobre la contaminación, ya se están utilizando motores de inyección los cuales cumplen con las normativas del cuidado ambiental. Hoy se dejó atrás el encendido por platino, magneto o bobina, ahora, gracias al avance de las tecnologías, se utiliza el encendido totalmente electrónico. La caja de cambios va situada detrás del cigüeñal y la transmisión a la rueda trasera se realiza mediante una cadena y en algunos casos por bandas o correas, salvo en motores longitudinales donde generalmente se emplean el eje del cardán." (Tixce, 2016, p. 6-8).

El uso de la motocicleta se ha dado en la mayoría como un medio de transporte para ir al trabajo, escuela, pero hay países donde la motocicleta se compra mucho por ser más económico que el automóvil y se calculan más de 313 millones de motocicletas en el mundo; como mencionan los siguientes autores.

"En los países emergentes las motocicletas se usan principalmente como medio de transporte para ir al trabajo o la escuela, y la mayoría se caracteriza por ser de cilindraje medio y bajo. Por su parte, en algunas megas ciudades de países industrializados el uso de la motocicleta está creciendo a pasos agigantados dadas sus ventajas económicas en comparación con las del automóvil. Si a esto se le suman las restricciones crecientes que se plantean hacia el uso del automóvil, tales como el encarecimiento de los costos de estacionamiento, del combustible y del mantenimiento en general, además de los largos tiempos de viaje dada la congestión vehicular, las motocicletas se transforman en un medio de transporte atractivo. Se calcula que hay un total 313 millones de motocicletas en el mundo, 77% en Asia, 5% en América Latina y 16% en Norteamérica y Europa (Rogers, 2008) y 2% el resto, aunque el número de motocicletas en las Américas está aumentando rápidamente. Asia, en particular, es un fortín de la motocicleta, con algunos países como Vietnam, Indonesia, y Camboya donde más del 75% de la flota vehicular motorizada corresponde a motocicletas."(Rodríguez, Santana y Pardo 2015, p.5).

La moto se comenzó a fabricar en 1897, en 1902 se fabricó el scooter su alimentación se hacía por un carburador, dependiendo los cilindros de las motocicletas era el número de carburadores, las motos ya vienen con muchas ventajas para el conductor y algunas ya son totalmente eléctricas, así lo menciona el siguiente autor.

"El modelo inicial con el motor sobre la rueda delantera se comenzó a fabricar en 1897. 1897 1914 En 1902 se inventó el Scooter (proviene del inglés scooter), también conocido como auto sillón, por el francés Georges Gauthier. El escúter es un vehículo de dos ruedas, biciclo, provisto de un salpicadero de protección. Fue fabricada en 1914. Tuvo una gran popularidad, sobre todo entre los jóvenes. Incorpora dos ruedas de poco diámetro y un cuadro abierto que permite al conductor estar sentado en vez de a horcajadas. La alimentación se hizo por carburador, tanto uno para dos cilindros como un carburador por cilindro, la disposición más frecuente; hasta hoy día en que la inyección de combustible los está desplazando por normativa ambiental (emisión de gases). El encendido del motor se hacía originalmente por magneto y platinos, sin batería; Luego por bobina y batería, primero de platinos, luego transistorizado y hoy día totalmente electrónico. El encendido DIS o de «chispa perdida», primero de platinos y luego electrónico, se popularizó desde principios de los 70, con la llegada masiva de las japonesas tetracilíndricas, es decir, que el distribuidor no se conoció en este tipo de motores salvo excepciones (Guzzi V7, MV-Agusta). la evolución de las

En 1867 Calixto Rada creo el primer motor de vapor y se puede considerar esta
invención como la primera motocicleta y años más tardes la motocicleta
evoluciono gracias a nuevos colaboradores, como lo dice el siguiente autor.

*"El estadounidense Calixto Rada (1823-1896) inventó un motor de cilindros a vapor
(accionado por carbón) en 1867. Ésta puede ser considerada la primera motocicleta,
si se permite que la descripción de una motocicleta incluya un motor a vapor.*

*Wilhelm Maybach y Gottlieb Daimler construyeron una moto con cuadro y cuatro
ruedas de madera y motor de combustión interna en 1885. Su velocidad era de
18 km/h y el motor desarrollaba 0,5 caballos.
Gottlieb Daimler usó un nuevo motor inventado por el ingeniero NikolausAugust Otto.
Otto inventó el primer motor de combustión interna de cuatro tiempos en 1876. Lo
llamó "Motor de Ciclo Otto" y, tan pronto como lo completó, Daimler (antiguo
empleado de Otto) lo convirtió en una motocicleta que algunos historiadores
consideran la primera de la historia. En 1894 Hildebrand y Wolfmüller presentan en
Munich la primera motocicleta fabricada en serie y con claros fines comerciales. La
Hildebrand y Wolfmüller se mantuvo en producción hasta 1897. Los hermanos rusos
afincados en París Eugéne y Michel Werner montaron un motor en una bicicleta. El
modelo inicial con el motor sobre la rueda delantera se comenzó a fabricar en 1897."*
(Luis, 2015, p. 1-3).

HISTORIA DEL CASCO

El casco fue creado después de que el militar Thomas Edwar Lawrence sufriera
un accidente en motocicleta, por lo cual despertó el interés del neurocirujano
HughCairns , él se dedicó buscar un accesorio que protegiera parte del cráneo de
la persona y que este adsorba los impactos impidiendo que dañe la cabeza.

Dicho suceso lo llevó a la creación del casco de moto para militares y civiles, como una forma de salvar más vidas en los accidentes de motocicletas. Como lo menciona el autor.

"Los cascos de moto tienen una breve historia, ya que su uso hasta 1935 era básicamente militar. Fue el accidente del militar Thomas Edward Lawrence el que despertó el interés por el uso del casco como método de protección en motocicletas. El 13 de mayo de 1935, Thomas Edward cuando volvía de la oficina de correos de Bovington a su casa de Clouds Hill, se vio obligado a realizar una brusca maniobra con su motocicleta cuando se cruzó con dos niños montados en bicicleta. Lawrence salió despedido y se golpeó en la cabeza, y como consecuencia del impacto falleció días después. El médico que lo asistió durante los seis días antes de su muerte, el prestigioso neurocirujano HughCairns, profundamente afectado por el tratamiento de Thomas Edwards, comenzó un largo estudio acerca de la pérdida innecesaria de vidas por los pilotos de motocicletas por heridas en la cabeza. Por ello su investigación condujo al uso obligatorio del casco de moto para usos militares y civiles como método para salvar la vida de muchos motoristas. Por ello implantó su uso en los motoristas del ejército inglés en 1941, demostrando de forma evidente la reducción de muertes en accidentes por golpes en la cabeza."(Motomarket.es, 2017, p. 2-4).

INTRODUCCIÓN AL SISTEMA DE PROPULSIÓN DE UNA MOTOCICLETA

Los sistemas de propulsión tienen la tarea principal de que la motocicleta encienda, con el paso del tiempo se logró mejorar su funcionamiento llegando a ser de forma eléctrica. Pero todo esto no ha sido fácil, pero con el trabajo de muchos se logró, y más aún se obtuvieron grandes ventajas y una de ellas es que disminuye un porcentaje de contaminación.

Se han credo grandes proyectos enfocados a los medios de transporte en especial, enfocados a las motocicletas, ya que es uno de los medios de transporte más usuales de la sociedad, ya que son más económicos, como lo menciona el siguiente autor.

"Los sistemas de propulsión eléctrico vehicular, se van convirtiendo en una alternativa energética (Klocke, Lung, Schlosser, Dobbeler, &Buchkremer, 2012), que propone: primero, contribuir a disminuir la contaminación producida por los automóviles, ("El problema de la contaminación ambiental," n.d.), (DiGiovine, Cooper, &Dvornak, n.d.)y segundo alimentar parte del transporte urbano en un futuro(Correa P. et al., 2014).
Ya se construyen algunos vehículos en las ciudades y desde hace poco tiempo se observa que hay un pequeño mercado en la propulsión eléctrica vehicular (Ieee, Applications, &Ma, 2011). En el contexto urbano se pueden encontrar: bicicletas, motos, vehículos particulares o públicos, buses e híbridos; junto a la creación de proyectos que van enfocados en implementar medios de transporte masivo don vehículos eléctricos como lo son: el metro de Santiago, el Tranvía de Paris y Transmilenio con la ayuda de incentivos gubernamentales ("Plug-in de penetración y los incentivos de mercado del vehículo eléctrico: una revisión global.," n.d.). En

Bogotá podemos encontrar vehículos comerciales al público totalmente eléctricos de algunas compañías como: Renault con el Twizy, BYD promotora de taxis, Codensa "en alianza con Mitsubishi con el i-MiEV prototipo de prueba", Lucky Lion con las motos scooter y Electrika con una amplia gama de bicicletas."(Enciso, Aponte, 2015, p.9).

SISTEMA DE CONTROL DEL MOTOR ELÉCTRICO DE UNA MOTOCICLETA

A lo largo del tiempo, se han adquirido máquinas eléctricas para transporte, generar energía eléctrica, para la robótica entre otras aplicaciones.

Las máquinas han tenido un gran impacto en la sociedad por lo cual, gracias a las investigaciones, se han llevado para implementarlas en los sistemas del motor de una motocicleta para manipular su control dependiendo de la respuesta del sistema mecánico, como lo menciona el autor.

"Las máquinas eléctricas han adquirido una gran importancia en la sociedad actual y su campo de aplicación es tremendamente amplio y abarca sectores tan diversos como el del transporte, la generación de energía eléctrica, la robótica y prácticamente cualquier sector hace uso de las máquinas eléctricas. En el proyecto que nos ocupa nos centraremos en el uso de las máquinas eléctricas como motor y más concretamente en su sistema de control o regulación. El sistema de control de un motor eléctrico persigue conseguir una determinada respuesta de su sistema mecánico, la cual puede ser una velocidad, un par o una posición, a través del control de las distintas magnitudes eléctricas que gobiernan el motor (corriente, frecuencia, factor de potencia, etc.). A menudo se exigen además una serie de restricciones al motor como pueden ser el tiempo de respuesta o la sobre oscilación de la variable a controlar, además de las exigencias de no sobrepasar determinados valores de corriente, tensión, aceleración, etc."(Carmona, 2011, p.21).

ACTUADORES CONTROL NEUMÁTICO

Los actuadores son la parte fundamental del sistema de control neumático, su función es proporcionar energía transformada (mecánica), para que este trabaje. La energía que transforma puede ser energía eléctrica, neumática o hidráulica, como lo menciona el siguiente autor.

"2.2.4. Componentes del sistema de control neumático. 2.2.4.1. Actuadores. Un actuador a aquel componente o dispositivo de una maquina encargada de proporcionar energía mecánica para q esta trabaje. Este elemento debe ser capaz de transformar algún tipo de energía ya sea eléctrica, neumática, hidráulica, etc. en energía mecánica para emplear en el eslabón motor de dicha máquina. Existen tres tipos de actuadores: Hidráulicos. Neumáticos. Eléctricos. " (Contreras, 2015, p.14).

COMPROBACIÓN DEL ALABEO DEL DISCO DE FRENO DE UNA MOTOCICLETA

Como se vio anteriormente, los tipos de frenos (disco y tambor) diferentes mantenimientos dependiendo de los problemas que presenten.

Estos síntomas se presentan cuando la motocicleta frena, y su estabilidad cambia, por lo cual se realiza un alabeo. Esta tarea se realiza con el objetivo de verificar que el frenado de la llanta sobre la superficie no cause algún tipo de vibraciones, por lo cual en el proceso de fabricación del disco se mide el desplazamiento lateral, mediante un giro se verifica que no exista alguna deformación en la llanta o el eje no falsee sobre el disco de frenado, como lo explica el autor.

"Mantenimiento de los discos de freno de moto. Uno de los problemas que nos podemos encontrar en el sistema de discos, es que precisamente estos, los discos, hayan sufrido algún desgaste indebido o hayan sufrido algún golpe. Si el problema es por desgaste, estos se habrán alabeado o deformado un poco. Lo notaremos en la maneta de freno porque nos dará pequeños golpecitos al frenar a tope. Debemos revisarlos por si es necesario su cambio. Pero el problema más grave es si se han deformado por un golpe, por no quitar la pinza de freno (algo muy usual) al salir o por alguna caída. También se pueden deformar por sobrecalentamiento. Si vemos que los discos de freno están deformados, debemos cambiarlos de inmediato, es una cuestión de seguridad. Tenemos la posibilidad de poner los originales o de la industria auxiliar, que suelen ser algo más económicos, esto a tu elección. Podemos encontrarnos con que, al frenar, notemos el tacto en la maneta esponjoso. Es el claro síntoma de que ha entrado aire en el circuito de freno. Como decíamos antes, la mayoría de los sistemas de freno de disco, es un sistema hidráulico. Por lo tanto tenemos un depósito, un líquido con su recorrido, una bomba que mantiene la presión y unos pistones. Este problema se soluciona con el purgado del sistema de frenado. En la pinza encontraremos el tornillo de sangrado y purgado que debemos abrir para que el líquido vaya saliendo a la vez que vamos introduciendo el líquido nuevo. Es un proceso en el que debemos estar muy atentos, ya que si se hace mal, volveremos a tener aire dentro del sistema. En otro artículo explicamos cómo hacerlo."(Mundomotero, 2016, p.10-13).

A diferencia del sistema de frenado de disco, el mantenimiento del freno de tambor es un poco más simple pero igual de importante que el sistema de frenado de disco, ya que este se realiza mediante el cuidado de las llamadas "electroválvulas" que están incorporadas a los frenos, y junto a una válvula anti retorno, esta ayuda a modular la presión del freno "bomba de freno".

La tarea principal es modular la presión del circuito de frenado, preparándolo para volver cargar para iniciar de nuevo el proceso de frenado, como lo menciona el siguiente autor.

DIFERENCIA ENTRE EL BASTIDOR Y EL CHASIS

Es común saber que aún se confunde el significado de la utilización de un chasis y el bastidor de una motocicleta, pues se piensa que se utilizan para una misma función. Una de las verdades es que no tienen nada en común ya que el batidor se encuentra dentro de del chasis, haciendo un conjunto con este. El bastidor le da forma a la moto, es el punto en donde se une cada parte de una moto. Mientras tanto el chasis une desde el bastidor hasta el basculante, las llantas, las ruedas, y el resto de esta estructura. A grandes rasgos el bastidor es la parte principal que se encuentra dentro del chasis y el chasis es la estructura en donde todo se une para dar forma a una motocicleta como lo menciona el autor.

(García,2017, p.1).

ELEMENTOS DEL BASCULANTE Y DE LA SUSPENSIÓN TRASERA

Una de las partes más importantes de una motocicleta son el basculante y la suspensión trasera, estas dos ayudan a que la fuerza sea mínima cuando se ejerce en un terreno o incluso la misma fuerza de la moto, como pude ser el frenado o la aceleración, también una de sus muchas funciones es que no pierdan contacto las ruedas con el suelo, para evitar daños o accidentes.

"La función principal de la suspensión trasera es, junto con el basculante, minimizar los esfuerzos producidos por el terreno o por las fuerzas producidas por la propia motocicleta, tanto en frenada como en aceleración. Además debe asegurar el contacto de las ruedas con el suelo en todo momento." (Chacartegui, 2017, p. 9).

PROCESO DE CONSTRUCCION

En la construcción de la motocicleta eléctrica es necesario iniciar por el chasis, para que en este se instale toda la tubería estructural que al mismo tiempo le da un soporte al motor junto con las celdas eléctricas pero que este mismo no altere su resistencia, así como citaron los siguientes autores.

"Para la construcción de la motocicleta eléctrica, se inició por el chasis, acoplando la tubería estructural para dar soporte al motor y a las celdas eléctricas sin comprometer su resistencia." (Arteaga, Delgado, Pantoja, Pantoja, 2014, p. 95).

SISTEMAS DE ENFRIAMIENTO EN MOTOCICLETAS

Existen tres formas de enfriamiento del motor de las motocicletas, las cuales sirven para que el calentamiento y las altas temperaturas del motor no afecten su rendimiento y desempeño; a continuación, estas son las tres formas de enfriar una motocicleta.

1.-Sistema de enfriamiento por aire

Este utiliza el viento que recibe la moto al estar en movimiento y esto ayuda a moderar el sobrecalentamiento del motor.

2.-Sistema de enfriamiento por agua

Este sistema de enfriamiento ha logrado ser más eficaz a comparación del aire, ya que este entra en contacto con toda la superficie.

3.-Sistema de enfriamiento por aceite

Este se realiza mediante la lubricación del motor con un aceite, trabaja a través de una bomba de aceite que esparce todo el líquido por el conducto o mangueras del radiador y por el cigüeñal, como lo menciona el autor.

"1.-Utiliza el viento que la moto recibe al estar el movimiento a velocidades específicas, lo que ayuda a reducir las temperaturas en las paredes de los cilindros y culatas, tanto en dirección radial como a lo largo de la altura de las aletas ancladas en estas piezas. Este método es el más común y utilizado en muchas marcas y estilos de motocicletas, según las estadísticas en el mercado guatemalteco la mayoría de motores de motocicleta utilizan sistemas de enfriamiento por aire, pero se van adecuando las tecnologías a la utilización del sistema de agua o de aceite, salvo en los modelos más económicos o de potencias específicas de menor cilindrada.2.-Este sistema ha demostrado ser el más eficaz en cuento a fiabilidad en la regulación de las temperaturas de funcionamiento del motor. No obstante, introduce cierto grado de complicación en el mantenimiento y reducción de posibles averías3.-Los sistemas de lubricación por aceite están siendo utilizados en todas las marcas de motocicletas en todas sus cilindradas como medio para disminuir las temperaturas del motor.El fundamento básico es empujar el lubricante de motor a través de una bomba de aceite que es accionada por el movimiento del cigüeñal a que lo empuja por los conductos y mangueras de lubricación hacia el radiador de aceite, el cual mantiene sensores de temperatura y de nivel de llenado. Esto es un apoyo al usuario para mantener el lubricante en las condiciones adecuadas y que pueda actuar en cualquier falla prematura del mismo." (López, 2015, p.1).

NEUMÁTICOS

Los neumáticos están considerados como la parte fundamental de la motocicleta, ya que de éstas dependerá el rendimiento de la moto, su equilibrio y movimiento. Tanto como el motor, estas deben recibir un mantenimiento adecuado, como lo menciona el autor.

"Neumáticos. El rendimiento de las motocicletas está muy condicionado por las características de sus neumáticos. De hecho, el control del equilibrio y el movimiento del vehículo se producen a través de la generación de fuerzas longitudinales y laterales resultantes de las acciones del conductor en la dirección del mecanismo, el acelerador y el sistema de frenado. La peculiaridad de neumáticos de la motocicleta trabaja con ángulos camber hasta 50° y aún más, mientras que los neumáticos para automóviles raramente alcanzan 10°." (Salazar, 2016, p.18).

FORD IMPLEMENTA SENSORES A MOTOCICLETAS PARA AYUDAR A SALVAR VIDAS

La nueva tendencia en sensores que ha estado desarrollando una de las empresas más grandes del mundo "FORD", se ha dado a la tarea de implementar sensores que recopilen toda una sección de datos geográficos, GPS, para llegar a las personas que estén necesitando ayuda en ese momento.

> *"La compañía está reuniendo y analizando los datos del vehículo recogidos por OpenXC como parte de "Ford Smart Mobility", su plan para llevar la conectividad, la movilidad, los vehículos autónomos, la experiencia del cliente, y datos y análisis al siguiente nivel. Las grandes ideas extraídas de los datos del vehículo, incluyendo cómo la gente conduce y utilizan sus automóviles, inspiraron a los investigadores de Ford para crear un kit de sensores para bicicletas para recopilar datos adicionales. Ahora, la compañía está lanzando el nuevo kit de sensores para motocicletas ayudando a "RidersforHealth". El grupo de servicios médicos recoge los datos y las coordenadas cartográficas del GPS para llegar a las personas que necesitan atención médica, vacunas, medicamentos y atención hospitalaria salvadora de vidas, en zonas rurales de África Occidental."* (kogan, 2015, p.4-6).

MECANISMOS Y FUNCIONAMIENTO DE LA MOTOCICLETA

La invención de la motocicleta se dio por la unión de un motor a una bicicleta común, y con el paso del tiempo se han innovado nuevas tendencias en sus funcionamientos y mecanismos.

Actualmente existen dos tipos de mecanismos de combustión en las motocicletas, ya sea el de 2 tiempos o 4 tiempos, cada uno tiene ventajas y desventajas en cuanto a su funcionamiento. Como lo menciona el siguiente autor.

> *"La motocicleta nace por la combinación de la bicicleta de pedales y del automóvil, y aunque no existen datos exactos de su invención, hay registros que en 1885 los alemanes Wilhelm Maybach y Gottlieb Daimler (Figura 1.1.), construyeron una motocicleta con estructura y ruedas de madera, con motor de combustión interna de acuerdo con el ciclo de 4 tiempos. Este motor desarrollaba 0.5 caballos de fuerza y permitía una velocidad de 18 km/h. En 1897, aparece en el mercado la máquina de los hermanos Eugène y Michel Werner, montando un pequeño motor en una bicicleta [10]. En 1902 apareció en Francia el scooter o ciclomotor con el nombre de Autosillón. Se trataba de una moto unida de un salpicadero de protección, de pequeñas ruedas y con un cuadro abierto que permite al piloto viajar sentado. Fue inventado por Georges Gauthier"*(Cárcamo, García y Medina, 2014, p. 6).

Los medios de transporten están compuestos de un motor y un sistema de transmisión que genera la potencia y energía que es dada a los elementos de tracción, en las motocicletas es más sencillo ya que solo tienen 2 rueda y solo una es motriz; como lo menciona la siguiente revista.

"Todo medio de transporte terrestre o fluvial se compone, en líneas generales de un motor que genera el torque y la potencia necesarios para moverse, y un sistema de transmisión que lleva esa energía a los elementos que hacen tracción sobre el suelo o el agua.Ese sistema de transmisión se compone de unos piñones reductores de velocidad y multiplicación del torque, y en los automóviles, de un diferencial que distribuye la fuerza a las ruedas derechas e izquierdas.En las motocicletas el asunto es más sencillo, dada su particularidad de tener solamente dos ruedas y solo una de ellas motriz. El adecuado aprovechamiento de la potencia que genera el motor de la motocicleta, el correcto desempeño y las condiciones externas de uso guardan estricta relación con el tipo de transmisión que tenga, de allí la importancia de conocer y distinguir las debilidades y fortalezas que tienen los diferentes tipos de transmisión.En todas las motocicletas se distinguen dos tipos de sistemas de transmisión: la primaria y la secundaria. Transmisión primaria es el conjunto de elementos que transmite la potencia y el movimiento del motor al eje de salida bajo condiciones específicas de torque y revolución.Transmisión secundaria es el sistema que transmite finalmente la potencia y movimiento del motor desde el eje de salida a la rueda trasera de la motocicleta.A su vez, las transmisiones secundarias se clasifican en tres tipos: cadena, correa y cardán, las cuales son las mejores y más habituales formas de trasmitir la potencia del motor a la rueda de la motocicleta."(Autocrash, 2016, p. 1).

MOTOR DE CUATRO TIEMPOS

En estos tipos de motores su principal funcionamiento, es realizar todo el trabajo del cigüeñal en dos vueltas, al igual que cuatro carreras del émbolo, de los cuales se desglosan los cuatro tiempos; admisión, comprensión, expansión o explosión y expulsión; como lo mencionan los autores.

"En los motores de 4 tiempos (4T) [12] el ciclo de trabajo se completa en dos vueltas del cigüeñal o, lo que es lo mismo, en cuatro carreras del émbolo. De esto último proviene la denominación de motores de cuatro tiempos. Los cuatro tiempos o carreras (Figura 1.2.) son los siguientes: 1er tiempo: Admisión. Se abre la válvula de admisión, el pistón baja y el cilindro se llena de aire mezclado con combustible. 2do tiempo: Compresión. Se cierra la válvula de admisión, el pistón sube y comprime la mezcla de aire-gasolina. 3er tiempo: Expansión o Explosión. La bujía situada en la parte superior del cilindro genera una chispa, haciendo que la mezcla comprimida se inflame, el calor generado por la combustión expande los gases y se ejerce presión sobre el pistón, el cual se mueve hacia el punto muerto inferior. 4to tiempo: Expulsión. Se abre la válvula de escape, el pistón se desplaza hacia el punto muerto superior, expulsando los gases de combustión."

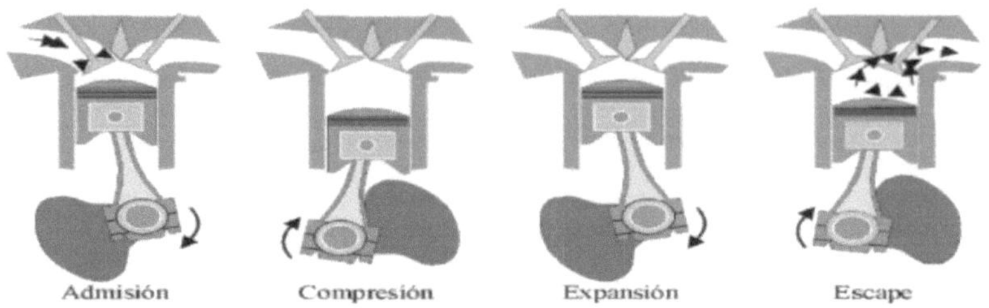

Figura 1.2. Ciclo 4T de un motor MEP.

Cárcamo, García y Medina 2014, p. 8).

MOTOR DE DOS TIEMPOS

Este motor es el más sencillo, ya que su número de elementos se reduce debido a su sistema de distribución. El trabajo que realizar lo hace sin necesidad de válvulas, todo el trabajo lo realiza un cárter que abraza el cigüeñal y este gira dentro de él.

"El motor de dos tiempos es mucho más sencillo que ningún otro tipo de motor. El número de elementos se ve reducido, sobre todo debido a su sistema de distribución. Se consigue el llenado de gases frescos y el barrido de los quemados sin necesidad de válvulas, sistemas que las abran cierren o mandos para éstos. Todo se reduce a un cárter que abraza muy ceñidamente al cigüeñal, que gira dentro de él. En la muñequilla del cigüeñal se articula una biela que sujeta al pistón en su otro extremo. Éste se mueve alternativamente dentro del cilindro, que se apoya en el cárter, y se corona con la culata."(Murillo, Elizondo,2010, p. 39).

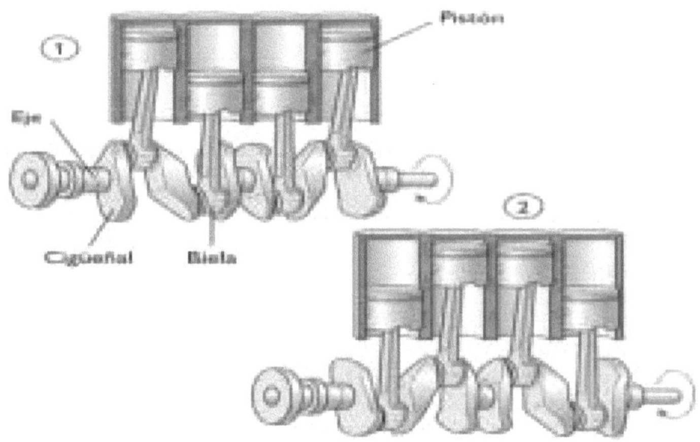

(Delgado, 2015).

FRENOS

Los frenos de cada motocicleta tienen un límite de velocidad que deben alcanzar, para que los frenos puedan responder a su frenado. Esta energía cinética que poseen las motocicletas se transforma en calor.

Los frenos de tambor y de disco son los más utilizados actualmente, ya que sus sistemas son para vehículos más económicos y el freno de tambores depende de la fricción y la presión de las ruedas. Como lo menciona el siguiente autor.

> *"La capacidad de detención del vehículo es imprescindible, hasta el punto de que una motocicleta jamás debe alcanzar una velocidad superior a la que le permitan sus frenos. La energía cinética que posee el vehículo, debido a su masa y a su velocidad, se transforma en energía calorífica, surgida del rozamiento de los elementos de fricción (que no giran) con las correspondientes superficies móviles, solidarias a las ruedas. Es importante conocer este principio, ya que la eficacia de frenado se mantiene, sólo si existe una eficaz disipación del calor generado. Universidad Pública de Navarra Ingeniería Técnica Industrial Mecánica Memoria Diseño y estudio de modificación del chasis y basculante de una motocicleta 26 Los frenos más usados son los frenos de tambor y de disco, aunque en la actualidad los sistemas tambor han quedado relegados a vehículos económicos. La frenada de los tambores depende de varios factores. En primer lugar, de la superficie de fricción, que viene dada por la anchura de la zapata y el diámetro del tambor, en segundo lugar, por el coeficiente de fricción entre la zapata y el metal del tambor, y en tercer lugar, por la presión a que se sometan los dos."* (Larrauri, 2012, p. 25).

SISTEMA DE FRENADO DE UNA MOTOCICLETA

En un vehículo, el sistema de frenado es el cambio de la energía cinética a energía térmica (calor). Para que esto sea posible, la energía cinética que se relaciona con la masa, movimiento y velocidad del vehículo para reducir la velocidad, se tiene que eliminar la diferencia de energía cinética que existe entre las dos velocidades.

El frenado cambia la diferencia de los pesos, lo que ocasiona que la llanta posterior pierda la adherencia al suelo, y ocasione que todo el peso se concentre en la llanta que sea bloqueada, como lo mencionan los siguientes autores.

> *"A nivel básico la frenada de un vehículo, es la conversión de la energía cinética en energía térmica (calor). La energía cinética es la energía que tienen los objetos que están en movimiento y dependen de su masa y de su cuadro de velocidad. Así para pasar de una velocidad elevada a otra más baja habrá que eliminar la diferencia de energía cinética que puede existir entre estas dos velocidades.*

**Diferencia en la distancia del frenado,
según se emplee cada freno**

(Todomotos.pe, 2013, p. 2).

Para el conductor, es muy importante tomar en cuenta el cuidado adecuado para su motocicleta en especial los frenos, ya que estos son los que moderan la velocidad que adquiere la motocicleta. Existen dos sistemas de frenos.

FRENOS DE TAMBOR

La acción que realiza este sistema de freno se produce con la fricción de las bandas sobre el área de la campana. Esto se refiere a que la banda realizará el frenado. Dicha banda estará acompañada de los tambores que son fabricados a base de acero o aluminio para evitar el desgaste de la pieza, como lo detalla el siguiente autor.

se ha eliminado el asbesto y sustituyéndolo por resinas, fibras y otros materiales metálico."(Cristofani, 2009, p. 4-5).

FRENOS DE DISCO

Este sistema de freno, es la adaptación de un disco en la rueda de la motocicleta las cuales giran a ella. Son hechas de acero, lo que significa que tiene un porcentaje de carbono aleado con el hierro lo que le da mayor dureza al material.

Este se divide en dos partes, una es la que se encuentra en la parte exterior de la rueda que es por donde esta ejerce una fricción, y la otra interior que es la que une el disco con la rueda. Como lo describe el autor.

"El primer elemento en el que nos vamos a detener del sistema de frenado de las motos son los discos de freno. Creo que todos sabemos cómo son y dónde están… efectivamente, en las ruedas y giran solidariamente a ellas. Se fabrican en acero (las motos de competición de MotoGP usan discos de carbono) y se dividen en dos partes: una exterior que es la pista por donde las pastillas ejercen la fricción para detener la moto y una interior, conocida como araña, que es la que une esta pista exterior con la llanta." (Morrillu,2011, p. 1)

FUNCIÓN DEL SISTEMA ABS

Su función es evitar que las ruedas se bloqueen al frenar, gracias a su avanzada tecnología con un sensor adaptado a la rueda que detecta cada vez que frene y esté a punto de bloquearse. La acción que realiza es disminuir la presión del frenado y evita el bloqueo como lo menciona el siguiente autor.

"Dispositivo que evita el bloqueo de las ruedas al frenar. Un sensor electrónico de revoluciones, instalado en la rueda, detecta en cada instante de la frenada si una rueda está a punto de bloquearse. En caso afirmativo, envía una orden que reduce la presión de frenado sobre esa rueda y evita el bloqueo. El ABS mejora notablemente la seguridad dinámica de los coches, ya que reduce la posibilidad de pérdida de control del vehículo en situaciones extremas, permite mantener el control sobre la dirección (con las ruedas delanteras bloqueadas, los coches no obedecen a las indicaciones del volante) y además permite detener el vehículo en menos metros. El sistema antibloqueo ABS constituye un elemento de seguridad adicional en el vehículo. Tiene la función de reducir el riesgo de accidentes mediante el control óptimo del proceso de frenado. Durante un frenado que presente un riesgo de bloqueo de una o varias ruedas, el ABS tiene como función adaptar el nivel de presión del líquido de freno en cada rueda con el fin de evitar el bloqueo y optimizar así el compromiso de:

- Estabilidad en la conducción: Durante el proceso de frenado debe garantizarse la estabilidad del vehículo, tanto cuando la presión de frenado aumenta lentamente hasta el límite de bloqueo como cuando lo hace bruscamente, es decir, frenando en situación límite.

- Dirigibilidad: El vehículo puede conducirse al frenar en una curva aunque pierdan adherencia alguna de las ruedas.

- Distancia de parada: Es decir acortar la distancia de parada lo máximo posible.

Para cumplir dichas exigencias, el ABS debe de funcionar de modo muy rápido y exacto (en décimas de segundo) lo cual no es posible más que con una electrónica sumamente complicada." (Saavedra, 2017, p. 2).

ARDUINOS

Con el gran avance de la tecnología, es necesario implementar un sistema ya sea de hardware o software que facilite la comunicación entre el dispositivo y el usuario, incorporando un lenguaje de programación más fácil.

Los arduinos son pequeños microcontroladoresque se utilizan para programar objetos interactivos autónomos y lograr conectarlos a un software por el cual serán manipulados y programados, contienen puertos de entrada y de salida como lo especifican los siguientes autores.

"Son pequeños microcontroladores de plataforma de hardware libre, en una placa diseñada para facilitar el uso de la electrónica en proyectos multidisciplinares. Este hardware consiste en una placa con un microcontroladorAtmel AVR, con puertos de entrada y salida. Su software consiste en un entorno de desarrollo que implementa el lenguaje de programación Processing-Wiring y un cargador de arranque. En este dispositivo se puede para utilizar el desarrollo de objetos interactivos autónomos, o bien, ser conectados a un software del ordenador." (Martínez, Callejas 2016 p. 20).

SENSORES DE MOVIMIENTO Y OBTENCIÓN DE DATOS

Son dispositivos utilizados para detectar cualquier movimiento a una distancia determinada, consta de dos sensores, uno es con cámara infrarroja para detectar profundidad y la otra es una cámara RGB para detectar imágenes a color.

Su velocidad de responder es de 30 tramas por segundo de las dos cámaras, como lo menciona el siguiente autor.

3.1 Sensor de movimiento y obtención de datos

Kinect es un dispositivo electrónico que se constituye de dos sensores: una cámara infrarroja utilizada para la detección de profundidad, y una cámara RGB para imágenes a color [4]. La resolución para las cámaras es de 640*480 pixeles con 11bits de resolución y 640*480 pixeles con 32 bits de resolución para la cámara de profundidad y de color respectivamente. La velocidad de envío es de 30 tramas por segundo para ambas cámaras. La cámara de color RGB soporta alta resolución 1280*1024 pero la velocidad de envío disminuye a 15 tramas por segundo. En adición, el sensor Kinect contiene un arreglo de cuatro micrófonos, además de una base motorizada que puede rotar el sensor hacia arriba o hacía abajo. En la figura 3.2 se muestra de manera general los componentes que conforman al Kinect, indicando el nombre de cada uno de ellos.

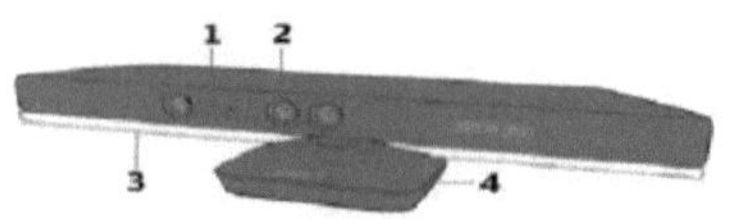

Figura 3.2 Principales componentes del sensor Kinect [5].

(Vázquez, 2013, p. 27)

PROBLEMÁTICA

La problemática ha llegado a cobrar un gran número de vidas, la mayoría de los conductores utilizan de una forma inadecuada las motocicletas, como es el caso de las competencias que realizan sin un permiso ante la autoridad, y no acuden los servicios de seguridad necesarios para realizarse estos eventos.

En algunos lugares, se han implementado reglas de tránsito, una de ellas es el uso del caso, en caso de que el conductor no lo porte, este será sancionado o multado; el exceso de peso, este caso es muy común, ya que, por la economía de la sociedad, prefieren viajar de tres hasta cuatro personas en una motocicleta, esto no solo pondría en peligro la vida del conducto, sino de todas las personas y sin el uso del casco. Como lo mencionan los siguientes autores;

> *"Usar el equipo adecuado Al manejar, la probabilidad de resultar gravemente lesionado disminuye cuando usa equipo protector y la vestimenta apropiada. Por ley debe usar: • Un casco de seguridad para motociclista que cumpla con lo dispuesto por el departamento de transporte de Estados Unidos llamado Department of Transportation (DOT). Es altamente recomendado que use: • Protección para la cara y/o los ojos. • Vestimenta protectora, como una chaqueta de piel o de manga larga con material reflectante, pantalones largos y gruesos, botas cerradas que cubran los tobillos y guantes de piel que cubran completamente los dedos."(Brown, 2016, p. 1-2).*

Como ya lo mencionan los autores anteriores, conducir una motocicleta implica tomar en cuenta distintas normas tanto de vestimenta, equipo de seguridad, elegir una motocicleta adecuada a la persona, entre otras cosas, todo ello con el mismo objetivo de que se reduzcan los accidentes.

En México se registran muchos accidentes de motos al año, esto se debe a no seguir las leyes de tránsito y esto causa mucho riesgo para las personas y es más probable accidentarse en una moto que en un automóvil ya qué esta es más vulnerable; como lo menciona el siguiente autor.

> *"En México se registran más de 43,000 accidentes de motocicleta al año, lo que representa un grave riesgo de muerte para muchas personas, por lo que resulta apremiante crear cultura vial enfocada hacia los conductores de motos, cuyo número se incrementa notablemente en el país. Falta una campaña nacional de seguridad vial enfocada a motocicletas en el país, y por su ausencia algunos clubes de motos y motociclistas realizan esfuerzos individuales para generar consciencia entre los conductores. Con base en información del Centro de Experimentación y Seguridad Vial (CESVI México), tener un accidente en motocicletas es 18 veces más probable que tenerlo en automóvil. Y es un sector de la movilidad vulnerable, que requiere atención por parte de las autoridades y al que se requiere permear una cultura vial. Onoff cita que es vital crear conciencia entre los conductores de motocicletas sobre la*

importancia de conocer y seguir reglas de seguridad vial, así como de conducir con el equipo necesario. Comenta que al igual que en los automóviles, el factor humano es la principal causa de los accidentes viales entre los motociclistas en México, seguidos de otros como la infraestructura vial o las condiciones mecánicas de las unidades."(Revista NEO, 2017, p. 3-5).

Según las estadísticas en el municipio de córdoba entre los años 2012/2013 eran muchos los accidentes en motos que se registraban, pero a partir del año 2016 el número de muertes y/o lesiones provocadas por accidentes en motocicletas se redujo de una forma notoria, así lo muestra el siguiente autor.

"Luego de dos años –2012 y 2013– en que los datos marcaban números negativos en cuanto a accidentes de moto registrados en el Hospital de Urgencias de la ciudad de Córdoba, informaciones publicadas en Gobierno Abierto muestran una sostenible mejora a partir de 2014. En el último bienio, los accidentes de estos biciclos disminuyeron un 44,8 por ciento.

Pese a la notable reducción, las motocicletas siguen liderando de manera holgada las estadísticas de accidentes de tránsito de la ciudad, el 65 por ciento del total (25 por ciento accidentes de auto y 10 por ciento de trabajo), de acuerdo con lo expresado en el portal municipal.

"Este número es real y fue tomado con la misma metodología todos los años. Hay un registro diario de internaciones y causas, personal del hospital recoge todos los días las historias de los pacientes y pasa el dato", apuntó Cristina Gómez, directora del Hospital de Urgencias.

Sin embargo, agregó que el número se agrandaría –no especificó cuánto– si el hospital contara con mayor capacidad, ya que a veces no pueden recibir gente por la saturación que tienen.

Según el informe, en 2016 fueron 5.687 los conductores de motocicletas heridos, lesionados o golpeados en siniestros, lo cual contrasta de manera notoria con la cifra de 2012 (10.337) y destaca una disminución constante: 7.653 en 2014 y 6.649 en 2015.

"Fue llamativo cómo descendieron los ingresos cuando se empezaron a realizar controles a motos en los puentes hace más o menos tres años. No sólo desde los números. Se notaba en el hospital, de repente ya no estaban todas las camas con personas que se trasladaban en moto", mencionó.

Además de Gómez, los operativos de prevención como punto bisagra en la reducción de accidentes son señalados desde el Centro de Capacitación de Trasporte y Tránsito de la Municipalidad de Córdoba." (Vázquez, 2017, p.1).

ACCIDENTES DE TRÁFICO

En México, el 10% de las muertes se debe a causa de accidentes, de las cuales mediante una encuesta que se realiza cada año se ha logrado destacar que más de dos millones de personas mayores de 18 años sufren lesiones a causa de los accidentes, principalmente caídas. Esto ha logrado determinar que en México los accidentes de tránsito ocupan la posición número 11 dentro de las causas de mortalidad general y se ha llegado a una conclusión que en 2020 podría ocupar el tercer lugar. Veracruz es uno de los estados con índices elevados de mortalidad al año a causa de los accidentes de tránsito como lo menciona el autor:

> *"En México, una de cada 10 muertes se atribuye a accidentes, que se concentran de manera muy destacada en los individuos en edad productiva. Según datos de la Encuesta Nacional de Salud 2000, cada año más de dos millones de personas mayores de 18 años de edad sufren lesiones a consecuencia de eventos no intencionales, principalmente caídas y accidentes de tránsito. Con el fin de resaltar la importancia de los accidentes vehiculares en la salud poblacional, delimitemos este somero análisis a este tipo de eventos, sin dejar antes de mencionar que 10% del total de lesiones no intencionales ocurren en la aparente seguridad de los hogares.Estimaciones publicadas por la Organización Mundial de la Salud muestran que las lesiones ocasionadas por accidentes de tránsito ocupan la novena posición entre las causas de vida saludable perdida y se estima que para el año 2020 ocuparán el tercer lugar. En México los accidentes de tránsito ocupan la posición número 11 dentro de las causas de mortalidad general, y las posiciones 1 y 2 entre las principales causas de muerte en los hombres y mujeres entre 15 y 39 años de edad. En el país existe una tendencia estable en la mortalidad por accidentes vehiculares, pero en Aguascalientes, Zacatecas y Veracruz la mortalidad se ha incrementado a un ritmo superior a 5% anual en los últimos cinco años. No existen muchas causas de muerte que hayan tenido un incremento tan acelerado como éste en los últimos años."* (Puentes, 2017, p. 3-4).

En los últimos años en México se ha dado un crecimiento en el uso de motocicletas y entre el 3-5% de estos han sufrido un accidente, algunos solo lesiones pero en otros casos la muerte y se requiere tener más cultura sobre cómo se utiliza la moto, así lo dice él siguiente autor.

> *"En México, la motocicleta como modo de transporte ha tenido un rápido crecimiento. En la última década, aumentó 338.05% el número de estos vehículos, por lo que actualmente, representa 5.97% del parque vehicular nacional. Sin embargo, en este periodo, el promedio anual indica que 3.16% de los motociclistas sufrieron un accidente, lo que vuelve al motociclista un usuario vulnerable y de alto riesgo en la seguridad vial. El objetivo de esta investigación es identificar subgrupos de motociclistas con un riesgo particularmente alto de accidente y precisar los factores de riesgo. El estudio, de corte cuantitativo, con una muestra conformada por todas las muertes y lesiones de motociclistas reportados, entre el año 2000 y 2014, en la base de datos del Instituto Nacional de Estadística y Geografía y de la Dirección General de Información en Salud. Las variables descriptivas, se determinaron para todas las categorías y se emparejaron con la causa básica de la muerte para encontrar correlación estadística. En México, los sistemas de información mencionados, registraron para el año 2014, más de 41,881 accidentes y 826 muertes a causa de*

Los conductores de moto ya que no portan tantos objetos que lo protejan pueden llegar a tener más lesiones ya sea por diferentes factores, lo que más protege es el casco, así lo menciona el siguiente autor.

"Lesiones en los motociclistas. Los ciclistas y sus pasajeros pueden llegar a sufrir lesiones por compresión, por aceleración/desaceleración y por desgarros. Los motociclistas están protegidos únicamente por su ropa y por los artículos de seguridad que colocan sobre sus cuerpos: cascos, botas o ropa protectora, solo el casco protector tiene la capacidad de redistribuir la transmisión de energía y de reducir su intensidad, pero aun así, su capacidad es limitada."(Crespo, 2017, p. 18).

Muchas veces los accidentes en motocicleta son por el mal uso y en la mayoría de las ocasiones falta de este, en México se han observado distintos casos, el algunos el conductor lo trae pero no el pasajero o viceversa, así lo mencionan los siguientes autores.

"El uso de casco reportado en el país oscila entre 68 y 99% 19 y se ha observado que los conductores lo utilizan más que los pasajeros 28. Sin embargo, un estudio realizado en Cuernavaca muestra que un 65% de los cascos utilizados no están certificados 29. A partir de la ENSANut-2012 podemos observar que el uso de casco en motociclistas lesionados en México fue de un 55,3% (IC95%: 43,3-66,7%). El uso de casco por ciclistas es menor: un 9,8% (IC95%: 3,4-25,2%) de lesionados reportaron su uso en el momento del evento."(Pérez,Hijar, Celis, Hidalgo, 2014, p. 5).

La motocicleta es un buen medio de transporte, es barata y velos, pero según una investigación en Colombia se dieron cuenta que es generadora de contaminantes, en especial gases y esta razón es una de las cosas contradictorias de las motocicletas, así lo mencionan los siguientes autores.

"La motocicleta es considerada una fuente móvil generadora de gases contaminantes, dentro de los cuales se encuentran, los hidrocarburos y el monóxido de carbono que son liberados a la atmósfera. En Colombia se ha registrado en los últimos años un alto incremento en el uso de este tipo de vehículos aumentando por ende las emisiones, lo que ha contribuido con el deterioro de la calidad del aire, con mayor efecto en el Valle de Aburrá, por sus características topográficas. Por otro lado la regulación ambiental es reciente y todavía no se aplica con todo rigor. Consecuentemente y teniendo como referencia la literatura internacional y las mediciones en ralentí o marcha mínima, realizadas por el Área Metropolitana, entre enero y marzo de 2006, se proponen factores de emisión para monóxido de carbono e hidrocarburos para la estimación del impacto ambiental en la ciudad." (Giraldo, Gómez, 2008, p. 2).

En México ha ido en creciente los accidentes en motocicleta y la mayor parte de estos accidentados ronda entre los 10-19 años de edad, ya que no llevaban el casco puesto, así lo menciona la siguiente autor.

"En sólo cuatro años el número de personas que murieron en accidentes de motocicleta en el país prácticamente se duplicó al pasar de mil 218 en 2010 a 2 mil 317 en 2014.De acuerdo con cifras del Consejo Nacional para la Prevención de Accidentes (Conapra) 473 adolescentes de tan sólo 10 a 19 años murieron a consecuencia de una lesión por accidente en motocicleta en el último año." Parte del problema tiene que ver con que a pesar de que 80% de los usuarios de motocicleta reporta el uso de casco, sólo la mitad cuenta con uno que realmente lo proteja de una lesión grave o la muerte en caso de accidente.Y es que México aún carece de una norma que establezca cuáles son las mínimas pruebas para que un casco pueda considerarse como certificado." (Toribio, 2016, p. 1-3).

CONCLUSIÓN

Como se dio a conocer en la investigación las motocicletas son una base fundamental dentro de la sociedad ya que es uno de los medios de transporte más accesibles y económicos. Así mismo, han sido un problema grave para los conductores y peatones, ya sea por el descuido del conductor o bien del conductor de otro vehículo o por alguna falla del medio de transporte, en donde también entra la imprudencia de la sociedad. Las estadísticas mostraron un alto índice de mortalidad a causa de estos medios de transporte, en especial de jóvenes entre 15 y 25 aproximadamente, las causas principales son por no utilizar el casco, por ello, se busca una nueva forma de reducir estos problemas.

Gracias a las investigaciones que se realizaron se llegó a la conclusión de que es necesario implementar sensores a las motocicletas, con el objetivo de que el trabajo de ellos sea que cuando la motocicleta esté en movimiento, el sensor detecte o mida una distancia que hasta cierto límite ésta accione los frenos y automáticamente valla reduciendo la velocidad y evite algún choque.

BIBLIOGRAFÍA

REFERENCIAS BIBLIOGRAFICAS VIRTUALES

Almela H.,La evolución de la moto, Obtenido en la Red Mundial el 14 de septiembre del 2017,

http://mayores.uji.es/datos/2011/apuntes/fin_ciclo_2012/moto.pdf

Álvarez M.,Como limitar una moto,Obtenido en la Red Mundial el 17 de septiembre del 2017,

https://www.uncomo.com/autor/maria-jose-alvarez-molares-238.html

Aranza., La moto y su evolución, Obtenido de la Red Mundial el 10 de septiembre del 2017,

https://prezi.com/g_lh19lwvhzc/la-moto-y-su-evolucion/

Ayala L., y Orbe J., Adaptación de un sistema de frenos ABS a un vehículo FIAT, para mejorar la seguridad del frenado, Obtenido en la Red Mundial el 02 de octubre del 2017,

http://repositorio.utn.edu.ec/bitstream/123456789/2257/1/TESIS%20FRENOS%20ABS%201.pdf

Berrones L., Accidentes viales de los motociclistas en México, Subgrupos y factores de riesgo, Obtenido en la Red Mundial el 07 de octubre del 2017,

https://riunet.upv.es/bitstream/handle/10251/89728/2172-9512-1-PB.pdf?sequence=1&isAllowed=y

Carmona S., (2011),Elección del sistema del control del motor de una motocicleta eléctrica, Obtenido en la Red Mundial el 18 de octubre del 2017,

https://earchivo.uc3m.es/bitstream/handle/10016/12840/ANALISIS%20DE%20LOS%20SISTEMAS%20DE%20CONTROL%20DE%20UNA%20MOTOCICLETA%20ELECTRICA.pdf?sequence=1&isAllowed=y

Chacartegui V., (2017), Diseño y desarrollo de la suspensión trasera de una motocicleta para la competición, Motostudent, 15-16, 9, Obtenido de la Red Mundial el 21 de octubre del 2017, http://dspace.unl.edu.ec/jspui/bitstream/123456789/19445/1/TESIS%20MARCELA%20CRESPO.pdf

Contreras,(2015),Diseño de un mecanismo que automatice la selección de velocidades y accionamiento de frenos de un trimotor destinado a personas con paraplejia de la ciudad de Quevedo, Proyecto de Investigación previo a la obtención del título de Ingeniero Mecánico, Obtenido en la Red Mundial el 25 de septiembre del 2017,

http://repositorio.uteq.edu.ec/bitstream/43000/1411/1/T-UTEQ-0006.pdf

Crespo, (2017), Morbimortalidad por accidentes de motocicletas, en pacientes atendidos en el servicio de emergencia del Hospital General Isidro Ayora y su relación con la ingesta alcohólica, Facultad de la salud humana, Obtenido de la Red Mundial el 2 de octubre del 2017,

http://dspace.unl.edu.ec/jspui/bitstream/123456789/19445/1/TESIS%20MARCELA%20CRESPO.pdf

Delgado M., (2015), Motores térmicos,Obtenido de la Red Mundial el 26 de Octubre del 2017,

https://arcomariaje2000.wordpress.com/author/mariajesusalonsodelgado/

Enciso y Aponte J., (2015), Sistema de recuperación de energía científica para una moto eléctrica basada en motor Brushless, Obtenido del Doi el 23 de noviembre del 2017,

http://repository.udistrital.edu.co/bitstream/11349/2238/1/EncisoAguileraSpaider2015.pdf

García G., (2017), Las partes de la motocicleta, Obtenido de la Red Mundial el 01 de Noviembre del 2017,

https://www.pruebaderuta.com/las-partes-de-la-motocicleta.php

Giraldo, Gómez., (2008), Estimación de la emisión de contaminantes por motocicletas en el valle de Aburra, Obtenido el 04 de noviembre del 2017,http://www.redalyc.org/pdf/496/49612071025.pdf

Kogan E., (2015), Ford aplica su tecnología de sensores a motocicletas, Obtenido de la Red Mundial el 07 de noviembre del 2017, https://laopinion.com/2015/12/14/ford-tecnologia-sensores-motocicletas/

Lautaro., (2015), Motocicleta, Monografías, Obtenido de la Red Mundial el 08 de octubre del 2017,

http://www.monografias.com/trabajos95/motocicleta/motocicleta.shtml

Larrauri., (2012), Diseño y estudio de modificación de Chasis y basculante de una motocicleta, Obtenido de la Red Mundial el 12 de octubre del 2017,

http://citeseerx.ist.psu.edu/viewdoc/download?doi=10.1.1.845.1904&rep=rep1&type=pdf

López, (2015, mayo), Sistema de enfriamiento de la motocicleta, Obtenido de la Red Mundial el 16 de octubre del 2017

http://motoresymas.com/sitio/edicion-no-82/sistema-de-enfriamiento-de-la-motocicleta/

Luis., (2011, 30 abril), Evolución de la motocicleta, Obtenido de la Red Mundial el 18 de octubre del 2017,

http://latecnologiaysuorigen.blogspot.mx/2011/04/

Martínez F, Callejas J., (2016), Sistema de monitoreo para motocicletas con tecnología arduino y android, Obtenido de la Red Mundial del 20 de octubre del 2017,

http://repository.unad.edu.co:8080/bitstream/10596/7918/3/1110448165.pdf

Mora B, y Gramal J., *Diseño e implementación de un sistema de frenos ABS para motos*, Obtenido de la Red Mundial el 1 de octubre del 2017,

http://repositorio.espe.edu.ec/bitstream/21000/6145/1/T-ESPEL-MAI-0411.pdf

Morrillu, (2011, 30 diciembre), Los frenos en las motos, Obtenido en la Red mundial el 30 de octubre del 2017,

http://www.circulaseguro.com/los-frenos-en-las-motos-2-discos/

Mundomotero, Mantenimiento del sistema de frenos de una moto, Obtenido el 05 de octubre del 2017, http://www.mundomotero.com/mantenimiento-del-sistema-de-frenos-de-una-moto/

Murillo M, Elizondo P., (2010, 25 junio), Puesta a punto de un motor de 2 tiempos, Obtenido de la Red Mundial el 13 de octubre del 2017,

https://academica-e.unavarra.es/handle/2454/1862

Pérez R, Hijar M, Celis A, e Hidalgo E., El estado de las lesiones causadas por el tránsito en México, evidencias para fortalecer la estrategia mexicana de seguridad vial, Obtenido el 09 de octubre del 2017,http://cemesad.unach.mx/images/Ponencias_congreso/articulo_lesiones.pdf

Puentes, (2017), Accidentes de tráfico: Letales y en aumento, Obtenido de la Red Mundial el 15 de noviembre del 2017,

http://www.redalyc.org/pdf/106/10647102.pdf

Rodríguez D. Santana M. y Pardo C., La motocicleta en América latina: caracterización de su uso e impactos en la movilidad en cinco ciudades de la región, Obtenido de la Red Mundial el 08 de octubre del 2017,

http://www.scioteca.caf.com/bitstream/handle/123456789/754/CAF%20LIBRO%20motos%20digital.pdf

Rosiña C., Proyecto de diseño del bastidor de una motocicleta de competición, Obtenido de la Red Mundial el 11 de octubre del 2017, https://upcommons.upc.edu/bitstream/handle/2117/107429/cristian.rosina_114287.pdf

Salazar J., Simulación por elementos finitos y propuesta de modelo matemático del comportamiento dinámico de la suspensión posterior de una motocicleta de carretera tipo custom 125 CC, Obtenido de la Red Mundial el 15 de octubre del 2017,

http://dspace.espoch.edu.ec/bitstream/123456789/4551/1/65T00177.pdf

Saavedra, (2011), Frenos ABC, Obtenido de la Red Mundial el 25 de noviembre del 2017,

file:///F:/aplicacion%20de%20sensores%20rev%20final/REFERENCIAS%2
0DE%20SEGUNDA%20ENTREGA%2025%20DE%20OCT/SAAVEDRA%2
02017.html

Tixce M., (2016, 12 diciembre), La evolución de las motocicletas, Obtenido en la Red Mundial el 15 de noviembre del 2017,

http://www.motoryracing.com/motos/noticias/la-evolucion-de-las-motocicletas/

Toribio L., (2016, 2 agosto), Aumentan muertes por accidentes en moto a pesar de usar casco, Obtenido el 20 de octubre del 2017, http://www.excelsior.com.mx/nacional/2016/08/02/1108624

REVISTAS

Arteaga, Delgado, Pantoja y Pantoja, (2014, Julio-diciembre), El hombre y la máquina, 45, 95, Obtenido de la red mundial el 13 de septiembre del 2017,

file:///C:/Users/hp/Downloads/478389460111.pdf

Autocrash, (2016, 19 marzo), Sistema de transmisión en motocicletas, Autocrash, 35, 1, Obtenido de la Red Mundial el 20 de septiembre del 2017,

http://www.revistaautocrash.com/sistema-de-transmision-en-motocicletas/

Brown E., (2016), California, manual del motociclista, Obtenido el 11 de Octubre del 2017,

https://www.dmv.ca.gov/portal/wcm/connect/7cb431bf-c807-48d0-bfda-2dd358a1334b/dl665sp.pdf?MOD=AJPERES

Gómez, (2015), Historia de la motocicleta, orígenes, evolución y tipos, Beevoz, 3, Obtenido de la Red mundial el 4 de octubre del 2017,

http://www.beevoz.mx/2015/04/08/historia-de-la-motocicleta-origenes-evolucion-y-tipos/

Motomarket.es, (2014, 17 noviembre), Casco moto- historia y evolución, Obtenido el 02 de octubre del 2017,

http://motomarket.es/index.php/blog/10-blog-cascos-moto/34-casco-moto

Revista neo, (2017, 01 septiembre), Más de 43,000 accidentes de motos al año ocurren en México, Obtenido en la Red Mundial el 24 de noviembre del 2017,

http://www.revistaneo.com/articles/2017/01/09/m%C3%A1s-de-43000-accidentes-de-motos-al-a%C3%B1o-ocurren-en-m%C3%A9xico

Todomoto.pe, (2013, 18 abril), La importancia de las técnicas de frenado sobre una moto, Obtenido de la Red Mundial el 25 de noviembre del 2017,

http://www.todomotos.pe/tecnicas-manejo/1674-tecnica-de-frenado-manejo-moto-peru

TESIS

Cárcamo E., Garcia F., y Medina J., (2014), Secuencia cinemática típica en la conducción de motocicleta, Obtenido de una tesis el 28 de noviembre del 2017,

http://www.ptolomeo.unam.mx:8080/xmlui/bitstream/handle/132.248.52.100/5889/tesis.pdf?sequence=1

Vázquez F., (2013), Brazo robótico controlado mediante sensor kinetc, Obtenido en la Red Mundial el 30 de noviembre del 2017,

file:///C:/Users/ITSTB/Downloads/brazorobotico.pdf

DOI

1201403083018, Enciso y Aponte J., (2015), Sistema de recuperación de energía científica para una moto eléctrica basada en motor Brushless, Obtenido del Doi el 23 de noviembre del 2017,

http://repository.udistrital.edu.co/bitstream/11349/2238/1/EncisoAguileraSpaider2015.pdf

CON GRIN SUS CONOCIMIENTOS VALEN MAS

- Publicamos su trabajo académico, tesis y tesina

- Su propio eBook y libro - en todos los comercios importantes del mundo

- Cada venta le sale rentable

Ahora suba en www.GRIN.com
y publique gratis